Ingénierie pédagogique collaborative avec le modèle opale de scenari serveur pour la conception des formations hybrides et à distance

Happy Futur Creators

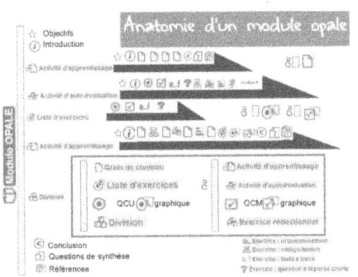

Willy Roger Mongon Edo'o

Légende

☐   Entrée du glossaire

ᴀA   Abréviation

☖   Référence Bibliographique

↻   Référence générale

Table des matières

Préface de l'auteur

La transformation des modalités d'apprentissage dans le mode universitaire de la formation traditionnelle en présentiel à la formation hybride ou complètement en ligne n'est pas une tâche aisée. En effet la majorité d'experts métiers (enseignants) éprouvent des difficultés lorsqu'il faut passer du face à face au cours planifier et bien organisé pour les formations à distances. Lorsqu'on y ajoute la nécessité de maîtrise des outils, les difficultés des enseignants s'accentuent.

Le travail d'un ingénieur pédagogique implique de la coordination des enseignants, des équipes techniques, des services administratifs tout en restant à l'écoute des apprenants. La synchronisation et l'intégration des éléments du cours de sources différentes demandent un effort de standardisation indispensable pour la production des contenus harmonieux dans la forme, sur le fond et qui s'inscrivent bien dans la stratégie formation ou curriculum général.

Les technologies de l'information et de la communication prenant une place importante dans la vie moderne en général, et dans le secteur de l'éducation en particulier(d'où par exemple l'acronyme TICE$^{TICE p.56}$), la production des contenus adaptés aux différents outils des utilisateurs constituait jusqu'ici un effort auquel l'immense majorité des enseignants n'était pas prête à s'investir pour, d'abord acquérir les compétences techniques nécessaires et ensuite produire des supports de leur cours adaptés aux différents outils de consultation : web, papier, présentation, mobile. Demander par exemple à un enseignant de prendre des cours de programmation sur des langages dont la seule constante est le changement pour qu'il soit à même de créer les supports web, mobile, présentation et papier à partir de son polycopié n'est absolument pas envisageable d'autant plus qu'il n'apporte pas grand chose sur la valeur de leur travail académique.

Cependant, lui proposer un outil d'édition structurée : une chaîne éditoriale, qui lui permet d'éditer son contenu et de mettre à profit ce travail structuré pour pouvoir basculer sur tous les supports possibles est une solution pratique et très appréciée par la majorité des enseignants qui s'investissent pour le faire.

Dans ce livre, nous allons voir comment mettre en place un dispositif propice au changement des pratiques individuelles, sociales et environnementales des acteurs par l'utilisation d'une chaîne éditoriale en mode collaboratif. Il s'adresse aussi bien à ceux qui coordonnent la conception des cours, les créateurs de cours, les équipes techniques et bien sur les administratifs.

En espérant que ce livre vous apportera des informations nécessaires à la mise en place de votre dispositif de conception de cours, vos retours pour les futures éditions sont les bienvenus.

Introduction

Associer texte, audio,image, vidéo quiz ou toute autre interaction à vos supports de formation ou de communication, les rendre faciles d'accès à tous les utilisateurs quelque soit leurs supports de travail, jadis un travail titanesque en terme de ressources à mobiliser, est maintenant à la portée de tout formateur grâce à la chaîne éditoriale scenari. Ce logiciel constitue un véritable séisme technologique dans le monde de la formation en général et dans dans l'innovation pédagogique collaborative en particulier. En effet, c'est l'un des seuls outil auteur e-learning qui permet une construction structurée et collaborative des contenus de formation multisupports tout en restant open-source. Avec une maîtrise convenable de l'outil vous verrez comment le résultat permet de simplifier les étapes de la médiatisation de vos cours en vous rendant autonome et efficace. Le travail collaboratif devenant plus que jamais central dans l'accomplissement des missions professionnelles au quotidien, vous verrez comment le serveur scenari constitue une solution durable à la coordination des équipes, au partage des expériences et des bonnes pratiques et à la gestion des archives. Ce livre de *Willy Roger Mongon Edo'o* vous donnera les éléments nécessaires pour produire rapidement et en toute autonomie vos supports multimédia interactifs tout en vous montrant comment travailler en environnement collaboratifs.

Vous allez apprendre à créer un module de formation avec le modèle opale de scenari et à intégrer des éléments multimédias interactifs afin de rendre le contenu de votre module plus attrayant. Véritable chef d'orchestre de votre projet, vous pourrez construire des parcours de formation, des outils de communication simples ou complexes, dotés d'animations riches qui vont combiner un nombre important d'éléments comme le texte, la photo, la vidéo, l'animation ou encore le quiz. Adaptez vos support de communication aux audiences deviendra un jeux d'enfant grâce aux outils de filtrage du module opale. Améliorez l'expérience utilisateur en intégrant à vos supports de communication des outils de navigation diversifiés et complets. Prenez par exemple la table des matières, les références générales, la mise en avant des informations importantes(fondamental, remarques complément...) et le moteur de recherche dans la version plus récente.

Il explique aussi comment intégrer dans vos projets de vrais outils d'évaluation des connaissances acquises par les utilisateurs de vos supports. Ces évaluations vous permettront de mesurer des acquis(évaluation sommative)ou de renvoyer aux utilisateurs de vos supports une mesure de leur niveau de compréhension(évaluation formative).

Enfin, vous finirez par découvrir comment exporter au choix ou parallèlement vos projets sur des supports diversifiés et vous utiliserez alors les plate-formes (LMS), les ordinateurs, les tablettes, les Smartphones ou encore les CD et clés USB.

Après avoir vu au premier chapitre l'installation de la chaîne éditoriale, le deuxième chapitre permettra de préciser les rôles des différents acteurs sur l'espace de travail et leur intérêt pour une gestion des projets facilitée. Le troisième chapitre présente comment faire migrer les ateliers des versions antérieures d'opale avant de voir la gestion des espaces de l'atelier au chapitre quatre. La conception des modules au chapitre cinq. Dans le chapitre six vous apprendrez à enrichir votre cours des ressources multimédia et à créer de l'hypermédia. Une attention particulière est accordée à la conception des activités d'évaluation au chapitre sept. le dernier chapitre est consacrée à la publication sur différents formats pour supports diverses. Un résumé des nouveautés d'opale 3.5 de scenari4.1 vous est présenté aussi.

Installation de ScenariChain, du modèle Opale Advanced et de quelques ad-dons

---

Objectifs

Comprendre l'ordre dans la mise en place de la chaîne éditoriale pour la création des contenus académiques

---

La mise en place de votre environnement de travail comprend trois étapes :

1. L'installation de ScenariChain
2. L'installation du modèle Opale Advanced
3. L'installation des ad-dons

Lorsque vous faites un tour sur le site officiel, la diversité des applications, des modèles et des ad-dons peut très vite vous dérouter. Tout en présentant la méthode et le bien fondé de celle-ci, ce chapitre se veut un guide dans le choix de la bonne version et du type de logiciel *Types logiciels p.57* \circlearrowright pour la chaîne éditoriale, de la bonne version du modèle documentaire(Opale Advanced) et des ad-dons qui vont avec le modèle.

1. L'installation de ScenariChain

La chaîne éditoriale propose plusieurs modalités d'utilisation, vous pouvez travailler en local et sur le serveur(ScenariChain *ScenariChain p.55* ≡), sur un serveur(ScenariClient *ScenariClient p.55* ≡), ou encore faire de votre installation un serveur accessible par d'autres(ScenariServer *ScenariServer p.55* ≡). La mise en place d'un serveur nécessitant un peu plus de compétences techniques pour assurer la sécurité et la pérennité des données elle ne sera pas présenté ici. De même le mode client qui vous permet de travailler exclusivement connecté sur un serveur, ne convient pas à une approche de maîtrise graduelle de l'outil. Nous allons donc présenter l'installation de **ScenariChain** qui est le mode complet qui permet de travailler en local et en ligne.

❧ *Méthode*

Télécharger et installer le logiciel ScenariChain

- *lien pour Windows*
- *lien pour Mac*
- *lien pour Linux*

❧ *Remarque : Problèmes fréquents d'installations et solutions*

OpenOffice ou LibreOffice : Scenari étant open source, il utilise en priorité la suite OpenOffice ou LibreOffice pour générer des versions papier. Si vous n'avez pas l'une de ces suites installé, vous ne pourrez pas publier vos cours au format papier éditable.

Le générateur de PDF : si vous ne voulez pas utiliser la suite bureautique demandée, vous pourrez publier vos document directement en PDF en utilisant un ad-don d'opale ce qui implique que le document publié ne sera plus modifiable sur un éditeur classique

L'environnement Java : ce problème peut-être résolu en installant java téléchargé depuis le *site officiel*

Les problèmes d'installations pouvant varier d'un système d'exploitation à l'autre et aussi des versions du logiciel, nous vous conseillons de consulter le *forum Opale* et d'utiliser le moteur de recherches pour des problèmes spécifiques que vous pourrez rencontrer.

2. Installation du modèle Opale

Utiliser votre chaîne éditoriale pour créer vos cours en local requiert l'installation du modèle Opale Advanced. Cette installation est fortement recommandée pour vous permettre de travailler hors connexion, avoir un contrôle total sur votre chaîne éditoriale vous permettant ainsi de faire tous vos test imaginables sans contraintes de droits utilisateur.

❧ *Méthode*

Télécharger le modèle *opale advanced (wsppack)*

Lancer ScenariChain

Cliquer sur le bouton installer puis installer un pack

Choisir le **wsppack** d'opale téléchargé plus haut

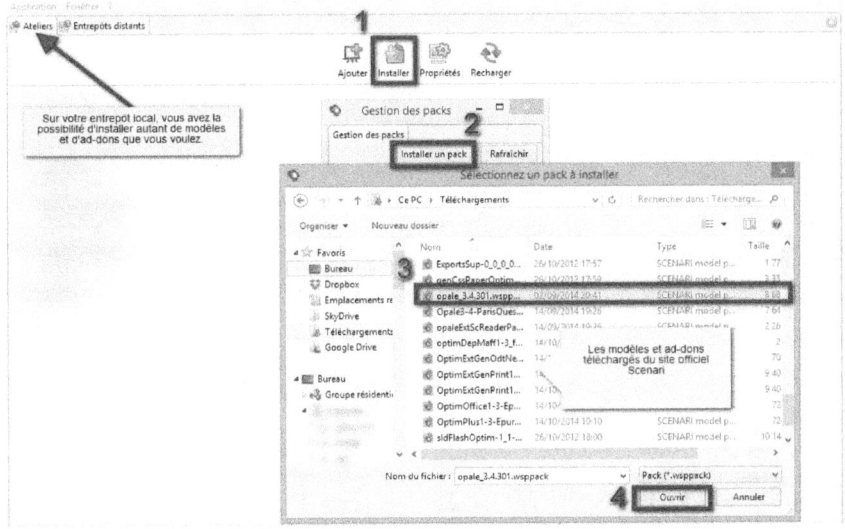

Installer le modèle opale en local

Remarque

En plus du modèle Opale, vous pouvez installer et tester d'autres modèle qui sont spécifiques à d'autres types d'éditions. Vous pouvez par exemple tester le modèle de média enrichie(**webmedia**), le modèle de bureautique(**OptimOffice**), ou encore le modèle de documentation logicielle(**Dokiel**)... *Pour en savoir plus*

3. Installer des ad-dons

Définition

L'ad-don est un programme facultatif qui peut s'ajouter à la chaîne éditoriale en la permettant d'étendre ses fonctionnalités.

Hormis le téléchargement, l'installation comprend les mêmes étapes que celles du modèle.

Pour le téléchargement, il faut aller sur la *page des ad-dons* et choisir ceux correspondant à votre version du modèle (opale 3.4 par exemple) et le type d'ad-don : **habillage**, **générateurs**, **enrichissement modèle**

4. Connexion au serveur

Lorsque vous avez accès à un serveur, vous n'aurez pas à installer des modèles ni les extensions. Cette tâche revient à l'administrateur du serveur. Ce dernier devra vous fournir les informations d'accès au serveur : URL du serveur, votre compte ou identifiant et le mot de passe qui sont requis lorsque vous cliquez sur **ajouter un entrepôt distant**

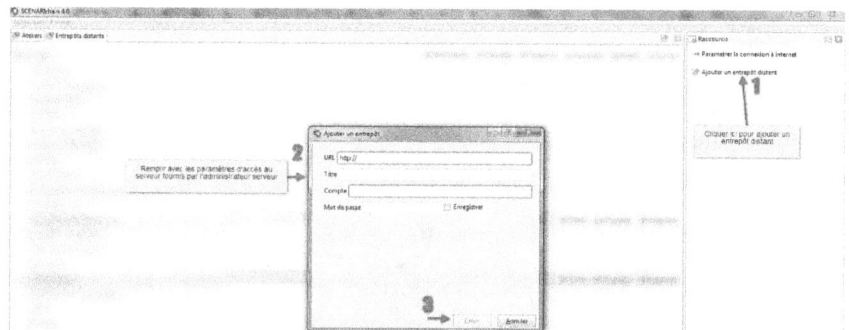

Ajouter un entrepôt distant

Fondamental

L'accès au serveur comprend 4 profils d'utilisateurs définis par l'administrateur : Gestionnaire$^{Gestionnaire\,p.55}$, Auteur$^{Auteur\,p.55}$,Lecteur$^{Lecteur\,p.55}$ et Aucun$^{Aucun\,p.55}$. Vos possibilités d'actions et responsabilités sur le serveur et sur les ateliers seront donc déterminées en fonction du rôle qui vous aura été attribué.

Ce mode de travail est intéressant pour le travail collaboratif, la sauvegarde des données et mobilité des utilisateurs qui peuvent travailler depuis plusieurs terminaux dans le même atelier.

Ce mode de travail est aussi pratique pour les enseignants qui ont très peu envie de s'occuper des problèmes techniques qui sont gérés par l'administrateur

la sauvegarde des données l'archives des données permet de retrouver à tout moment les versions de l'atelier et de ses fichiers ce qui évite les pertes due aux pannes matériel (perte ordinateur ou disque dur, formatage des données, infection virales....)

La sécurité des donnés, les accès au serveur étant réglementés, il est plus facile de gérer les actions et l'accès aux données.

Gestion des droits des utilisateurs

Le travail collaboratif n'est effectif que si les règles d'accès et les rôles des utilisateurs sont bien définis à l'avance. ScenariServer 4 permet de gérer les utilisateurs à deux niveau :

- Au niveau entrepôt
- Au niveau Atelier

Le rôle de chaque utilisateur peuvent lui être attribué

- soit individuellement
- soit au sein du groupe.

1. Au niveau général

C'est à ce niveau que l'accès à l'ensemble des ateliers du serveur est réglée. Il s'agit des droits de l'utilisateur ou du groupe au niveau l'entrepôt.Les droits accordés à l'utilisateur priment sur ceux accordés au groupe. E effet que ce soit au niveau utilisateur ou au niveau du groupe, scenari permet de définir quartes rôles différents

1. Gestionnaire$^{Gestionnaire\,p.55}$
2. Auteur$^{Auteur\,p.55}$
3. Lecteur$^{Lecteur\,p.55}$
4. Aucun$^{Aucun\,p.55}$

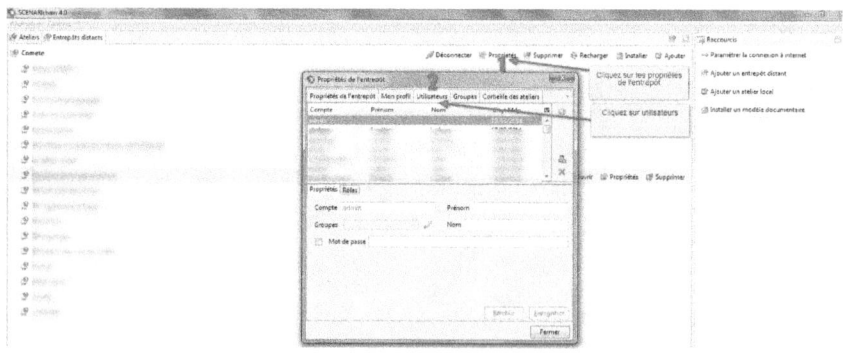

gestion propriétés entrepôt

2. Au niveau atelier

ScenariServer permet d'attribuer des rôles spécifiques dans chaque atelier. Si aucun rôle n'est défini au niveau atelier c'est celui de l'entrepôt qui s'applique par contre si vous attribuez un rôle spécifiques à un entrepôt c'est ce dernier qui s'applique dans cet atelier qu'importe celui défini au niveau de l'entrepôt.

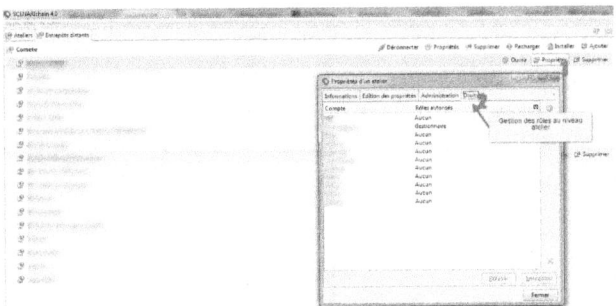

propriétés de l'atelier

3. Présentation des différents rôles

3.1. Gestionnaire

Ce rôle permet un accès en écriture, lecture et gestion des utilisateurs et de l'atelier. Il convient aux ingénieurs pédagogique et autres personnes charger de la gestion des ateliers de l'entrepôt.

Définition : Gestion de l'atelier

C'est le pouvoir de modifier les propriétés de l'atelier. Un utilisateur qui a ce droit peut par exemple changer un atelier Opale Advanced en un atelier OptimOffice

Gestion des utilisateurs

C'est le pouvoir de gérer les droits des utilisateurs. Il consiste à ajouter ou supprimer des utilisateur ou des groupes et leur attribuer des rôles

3.2. Auteur

Ce rôle permet un accès en lecture écriture sur ScenariServer. Il convient à tous les enseignants qui participent à la création des contenus

3.3. Lecteur

Ce rôle ne permet qu'un accès en lecture sur l'entrepôt. L'utilisateur avec ce profil peut lire mais sans pouvoir apporter des modifications. Ce rôle convient au relecteur et à ceux suivent l'évolution du travail sans y apporter des modifications

Remarque

Ce rôle aurait un plus grand intérêt si l'utilisateur pouvait faire des commentaires. Ce n'est pas encore le cas mais les développeurs de Scenari promettent d'ajouter cette fonctionnalité dans les prochaines versions

3.4. Aucun

Avec ce rôle, l'utilisateur n'a aucun accès à l'entrepôt

4. Cas pratique

Exemple

Dans un organisme de formation avec un Directeur qui suit la conception des cours sans être auteur, des enseignants dans différentes matières avec leur tuteurs ou assistants et des ingénieurs pédagogiques nous auront une organisation suivante

Utilisateur	Rôle entrepôt	Rôle espace	Rôle groupe	Observation
Directeur	Lecteur^{Lecteur} - p.55	/	Lecteur	Le Responsable a accès en lecture à tous les espaces de l'entrepôt sauf ceux où il est exclu par attribution du rôle"Aucun"
Ingénieur pédagogique	Gestionnaire *Gestionnaire* - p.55	/	Gestionnaire	L'ingénieur a accès à tous les espaces de l'entrepôt en tant que gestionnaire sauf ceux ou il es exclu ou il a un rôle différent
Enseignant	Aucun *Aucun p.55*	hérité du groupe	Auteur *Auteur p.55*	l'enseignant n'as accès qu'à l'espace auquel son groupe et rattaché
Tuteur	Aucun	hérité du groupe	lecteur ou auteur	accès exclusif à l'espace auquel le groupe est rattaché

Remarque

La définition des rôles par le groupe permet de gérer plus facilement un grand nombre d'enseignant et facilite la création des ateliers par groupe d'enseignants qui travaillent ensemble. La facilité d'accès au contenu des collègues s'avère importante dans l'harmonisation des parcours de formation. Les enseignants peuvent ainsi savoir ce que leur collègues ont déjà dans leur cours réfléchir à comment apporter une plus value ou encore éviter de faire doublon bien que certains diraient que la répétition est la meilleure des pédagogies!

* *

*

L'attribution des rôles dans ScenariServeur suit deux règles :

- le rôle utilisateur prime sur le rôle du groupe
- le rôle de l'atelier prime sur le rôle de l'entrepôt

Migration des ateliers

1. Migration par les dossiers

C'est la méthode la plus sûre pour conserver l'intégrité de votre atelier. Elle vous fait migrer votre atelier de 3.3 à 3.4 en conservant pratiquement toutes ses propriétés.

🎖 *Méthode*

Allez dans vos dossiers personnels et copier l'atelier que vous souhaiter faire migrer. ex : C:\Users\~\Documents\SCchain3.7\AtelierMigration

Puis coller le dans C:\Users\~\Documents\SCchain4.0\AtelierMigration

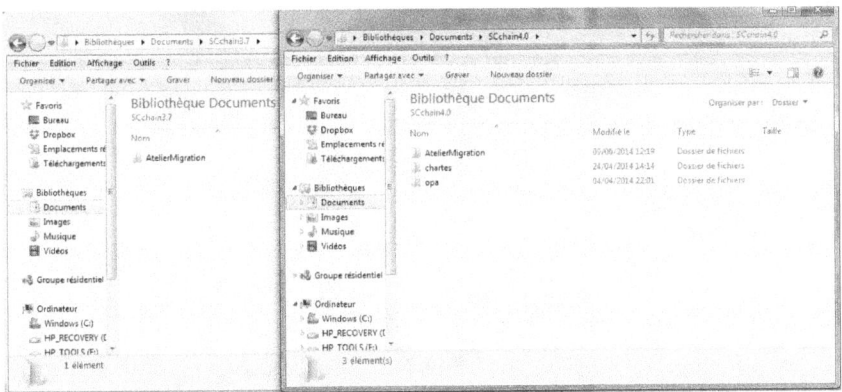

Lancer ScenariChain 4 et cliquer sur ajouter un atelier et mettez exactement le nom de l'atelier que vous avez copier plus tôt. ex : AtelierMigration

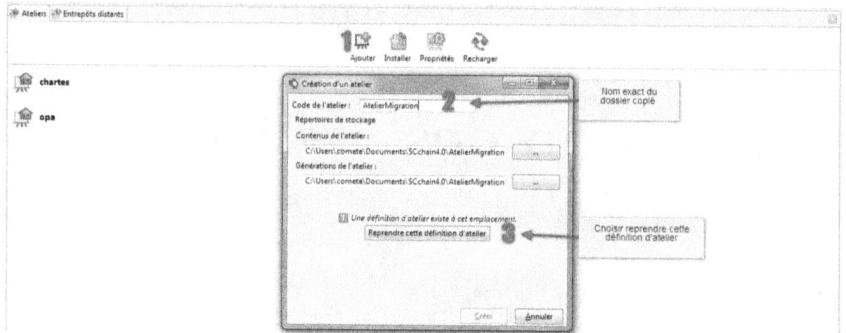

Allez sur les propriétés de l'atelier crée, ScenariChain va signaler un "Atelier en Échec" et vous dire que l'atelier est d'Opale3.3

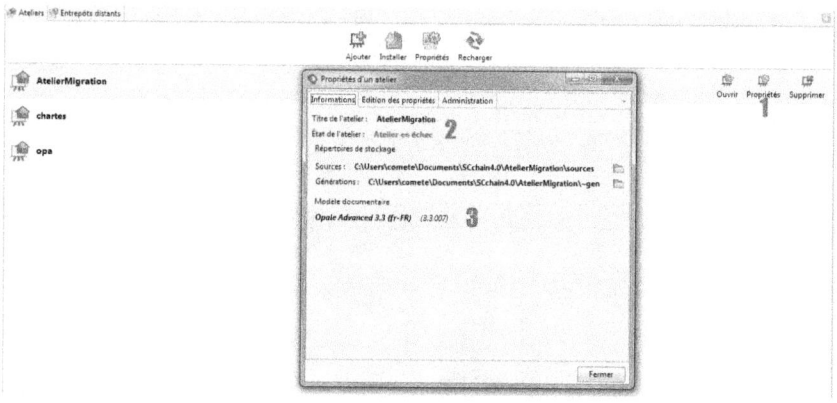

Cliquez sur l'onglet éditions de propriétés

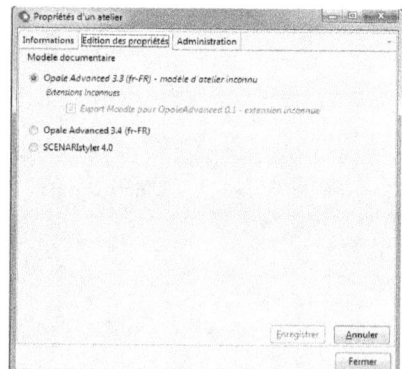

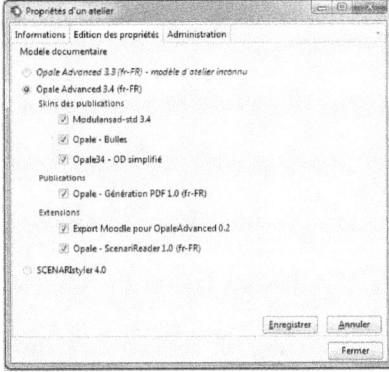

Choisissez Opale 3.4 et les extension que vous voulez dans votre atelier et cliquer sur enregistrer

Une confirmation de la mise à jour vous est demandée, cliquez sur continuer, quelques instants après, votre atelier est prêt à l'usage dans Opale 3.4 de ScenariChain4

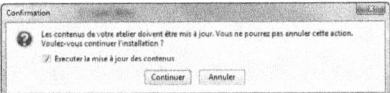

2. Migration par fichier zip

Après avoir récuperer un Zip d'Opale 3.3, vous devez le décompresser et coller le dossier dans votre atelier Opale 3.4.

⚠ *Attention*

Si vous avez des noms des items de votre atelier avec caractères spéciaux(é, !, à, ', ä, â....) les liens vers ceux-ci seront brisé pendant la compression et votre atelier Opale 3.4 va signaler des erreurs. Il vous suffit de cliquer sur afficher sur les erreurs pour les parcourir une par une et les arranger.

🔧 *Méthode*

Pour résoudre les erreurs, il suffit de double-cliquer sur la croix rouge et Opale vous donnera plus de détails sur ce qui manque à cet item pour qu'il fonctionne bien.

Détails des erreurs que vous pouvez aisément utiliser pour retrouver les fichiers manquants.

⚠ *Attention*

Si vous n'avez pas le dossier source pour migrer comme proposé plus tôt, faites ce travail avec Opale 3.3 dans scenarichain 3.7. Si vous le faites sur Opale 3.4 directement, le détail d'erreur ne sera pas exploitable.

Titre accroche : EXERCICE(0.1.5)

Consigne

Complétez avec un pronom relatif ou "wo" si c'est possible.

sp:img scref:Uri= id:1js2uTayFTg1RgHq5Jv9gK

Texte à trous

Das Rathaus Schoeneberg, ___ John Fitzgerald Kennedy den berühmten Satz : " Ich bin ein Berliner." rief, war von 1948 bis 1991 der Sitz der Westberliner Landesregierung.

Explication

La subordonnée fournit des précisions sur ce qui s'est passé à cet endroit. On utilisera donc "wo".

a. f Exercice : texte à trous

Titre accroche : EXERCICE(0.1.5)

Consigne

Complétez avec un pronom relatif ou "wo" si c'est possible.

sp:img scref:Uri= id:1js2uTayFTg1RgHq5Jv9gK

Texte à trous

Das KaDeWe, das während des Kalten Krieges das Schaufenster der kapitalistischen Konsumgesellschaft war, ist das berühmteste Kaufhaus Berlins.

Explication

La subordonnée fournit des précisions sur le KaDeWe, mais ne précise pas se qui se passe à cet endroit.
On ne peut donc pas utiliser wo. Il s'agit d'une relative "classique", le pronom relatif est un nominatif neutre singulier.

Organisation des espaces de l'atelier

Bien nommer vos documents   22

Objectifs

Gérer efficacement vos fichiers dans un contexte collaboratif

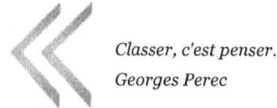

Classer, c'est penser.

Georges Perec

La gestion des ressources est importante pour l'organisation et du travail de l'utilisateur scenari. En effet gérer les ressources implique : classer des informations par catégorie, leur attribuer des noms et tags pour les retrouver facilement

Pourquoi mieux gérer ses données ?

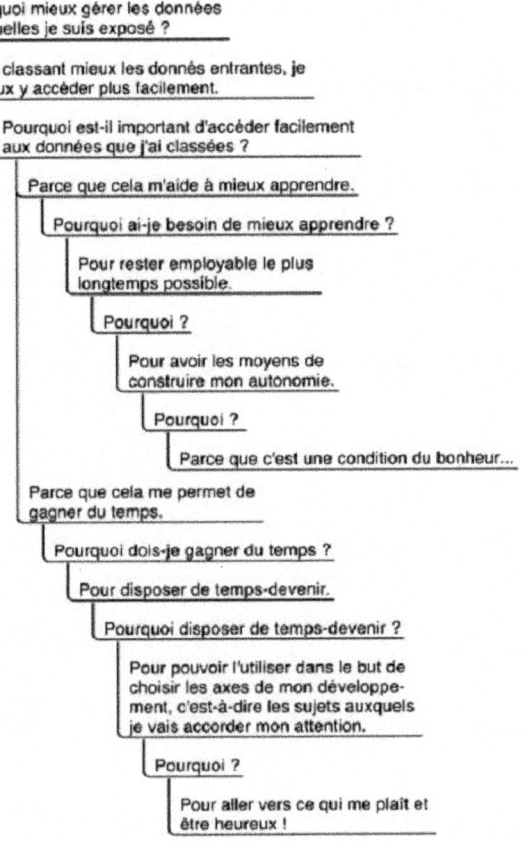

Pourquoi mieux gérer les données
auxquelles je suis exposé ?

En classant mieux les donnés entrantes, je
peux y accéder plus facilement.

Pourquoi est-il important d'accéder facilement
aux données que j'ai classées ?

Parce que cela m'aide à mieux apprendre.

Pourquoi ai-je besoin de mieux apprendre ?

Pour rester employable le plus
longtemps possible.

Pourquoi ?

Pour avoir les moyens de
construire mon autonomie.

Pourquoi ?

Parce que c'est une condition du bonheur...

Parce que cela me permet de
gagner du temps.

Pourquoi dois-je gagner du temps ?

Pour disposer de temps-devenir.

Pourquoi disposer de temps-devenir ?

Pour pouvoir l'utiliser dans le but de
choisir les axes de mon développe-
ment, c'est-à-dire les sujets auxquels
je vais accorder mon attention.

Pourquoi ?

Pour aller vers ce qui me plaît et
être heureux !

carte conceptuelle de la méthode dite des « pourquoi ? ».

1. Bien nommer vos documents

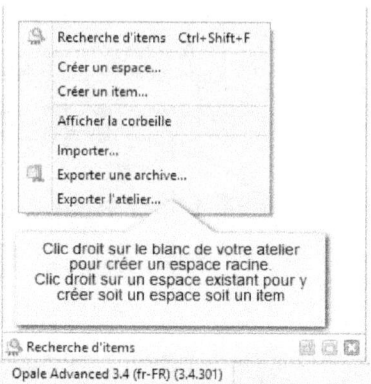

Sur un atelier Opale, l'organisation des espaces est importante pour ranger vos item et travailler efficacement.

Nous vous conseillons de créer un dossier racine qui va contenir tous les éléments de votre atelier, puis ajoutez à l'intérieur de celui ci des espaces correspondant aux partie ou chapitre du cours.

Méthode création espaces et items

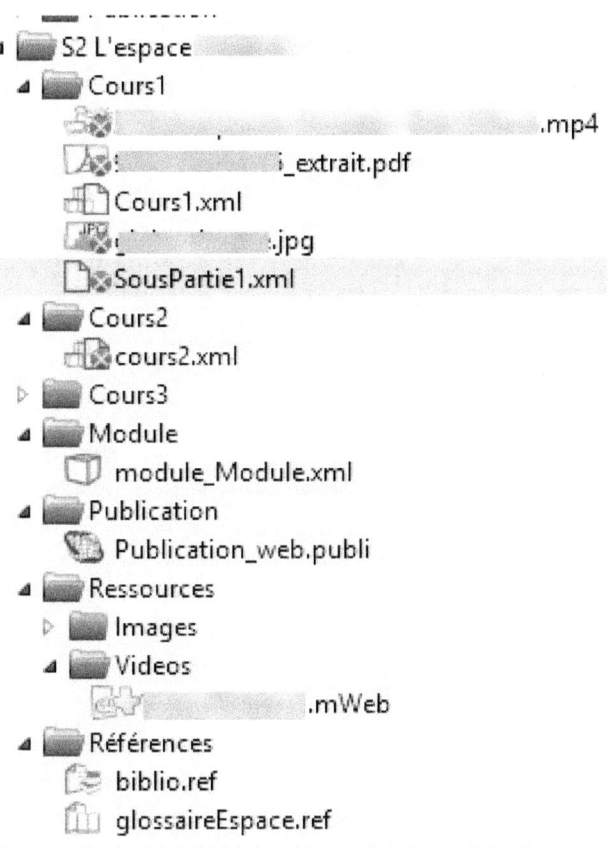

Exemple d'organisation d'atelier opale

⚠ *Attention*

éviter les caractères non-alphanumériques : l'astérisque, le dièse, les accents, les guillemets (français ou anglais), les points d'exclamation,d'interrogation, de suspension, les signes d'opération $(+, -, *, /)$, la barre verticale, les signes de comparaison $(<, >, =)$ et les crochets.

📄 *Conseil*

Utiliser des :

- lettres capitales : « Livre_Projet » ;
- des tirets bas (underscores) et des tirets simples ;
- les tirets bas pour séparer les différents éléments du titre : « Livre_Projet » ;
- les tirets simples pour séparer les mots d'un même élément : « Livre_Projet-Sommaire » ;

Anatomie d'un module opale

Objectifs

Comment les différents items d'opale s'intègrent pour construire un module.

En faisant un tour complet des différents items que propose opale dans la construction des modules, nous verrons comment ces items se mettent ensemble et comment faire des choix en fonction de la stratégie pédagogique visée. A partir d'une vue d'ensemble, nous verrons que les possibilités d'usages n'ont pour limites que votre imagination.

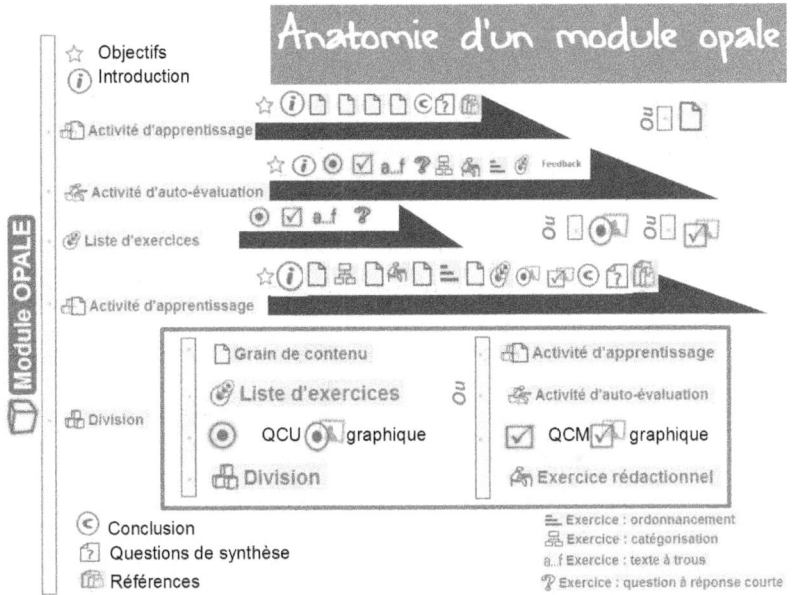

Anatomie d'un module opale

D'une manière générale, à chaque fois que vous créez un item, une **croix rouge** vous indique chaque action nécessaire de votre part pour que votre item soit fonctionnel. Dès que vous l'avez complété et enregistré, la croix rouge sur le titre de l'onglet de l'item disparaît.

1. Le MAG

A. Einstein disait « *L'exemple n'est pas un autre moyen d'enseigner, c'est le seul.* »

A titre d'exemple ou de comparaison avec vos pratiques, imaginons que vous enseignez un cours sur un semestre avec un nombre de séances pendant lesquelles vous préparez à chaque fois un présentation diaporama(powerpoint). Pour le concevoir avec Opale, le **module Opale** sera l' **ensemble de votre cours** avec toutes les séances, une **activité d'apprentissage** correspond à chaque *séance* ou *powerpoint* et le **grain de contenu** à chaque *slide*. Pour vous faciliter la compréhension de la structure de base d'un cours opale, nous vous proposons l'acronyme *MAG* : *Module opale,Activité d'apprentissage* et *Grain de contenu.*

2. Objectifs,introduction, grain de contenu

2.1. Objectifs

C'est le lieu où vous devez indiquer les objectifs de votre cours. Remplir cette partie n'est pas obligatoire. Si vous la laissez vide, elle n'apparaîtra pas dans la publication.

2.2. Introduction

Remplissez cette partie si vous avez une introduction générale à votre module. Sinon vous pouvez laisser vide aussi.

2.3. Grain de contenu

C'est le plus petit élément du module en terme de contenu, si vous êtes habitué aux outils présentation, c'est à peu près l'équivalent d'une slide mais précisément en version web il correspond à la page web. Autant vous dire qu'un grain de contenu ne devra pas être top chargé en informations car l'apprenant devra lire une longue page en la faisant défiler (scroller) ce qui peut-être fatiguant et démotivant en formation à distance.

3. Activité d'apprentissage

D'une manière générale, elle est l'équivalent d'un chapitre d'un module(le cours entier)

3.1. Activité d'apprentissage simple

Cette activité d'apprentissage est qualifiée de simple car elle n'intègre que des grains de contenu en dehors des **éléments classiques** : objectifs, introduction, conclusion, questions de synthèse et références générales

3.2. Activité d'apprentissage complexe

Ici, l'activité d'apprentissage intègre en alternant grain de contenu et exercices en dehors des **éléments classiques** : objectifs, introduction, conclusion, questions de synthèse et références générales

4. Activité d'évaluation

4.1. Liste d'exercices

Pour permettre à l'apprenant de faire un contrôle de son acquisition des connaissances, l'item Liste d'exercices est utile pour combiner : question à choix unique, question à choix multiple, texte à trou et réponse courte. Ces exercices auto-corrigés sont adaptés à la remédiation tout au long de votre module et même dans les activité d'apprentissage.

4.2. Activité d'auto-évaluation

L'activité d'auto-évaluation est un item qui permet de proposer aux apprenants une activité de

contrôle des connaissances et proposer des feedbacks adaptés. Sa variété d'exercice est plus large que celle de la liste d'exercice. Sur un LMS$^{LMSp.55}$ ⬌ (moodle, claroline....) c'est avec ce module qu'on réalise des activités d'évaluation dont on veut avoir un "reporting" ou remontée des notes des exercices.

5. La division

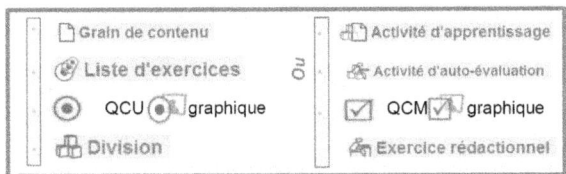

La division permet de créer à un même niveau hiérarchique des activités d'apprentissage et d'évaluation. Si vous voulez par exemple créer l'équivalent d'un chapitre avec une une partie révision grâce à l'auto-évaluation, l'item division sera le plus adapté. Selon la complexité de votre plan et la diversité des item de votre chapitre, la division peut-être la meilleure solution.

6. Conclusion, questions de synthèse et références générales

6.1. Conclusion

Cette partie vous permet de donner une conclusion générale à votre module. Sinon vous pouvez la laisser vide.

6.2. Question de synthèse

C'est l'endroit idéal pour éveiller la curiosité des apprenants en leur posant des questions qui leur font réfléchir sur le cours et aussi d'ouvrir de nouvelles perspectives par rapport au cours.

6.3. Références générales

Tout travail intellectuel s'appuyant généralement sur des sources diverses, c'est l'endroit où le concepteur du cours cite ses sources donnant ainsi à l'apprenant une liste de sources qu'il peut se procurer ou qu'il devrait consulter pour approfondir des aspects importants du cours ou tout simplement contextualiser les éléments cités.

Enrichir votre module avec le multimédia

VIII

Objectifs

Maintenant que votre structure est prête, vous devez maintenant pouvoir insérer tous les médias possibles sous opale. Cette partie vise à présenter les comment insérer les médias tous en présentant quelques règles sur l'utilisation des médias dans un contexte formation à distance.

Standardiser est le maître mot de cette partie, avant d'insérer un média, il faut s'assurer que celui-ci est sous un format standard que la majorité des utilisateurs peut utiliser sans avoir besoin d'un logiciel tierce. La standardisation concerne aussi le respect des normes de publication des médias. Bien que les réseaux de communication se développent de plus en plus, il faut toujours garder à l'esprit que l'accès aux médias sur internet reste tributaire de la qualité de la connexion des utilisateurs. Il est donc nécessaire de trouver un juste équilibre entre les proportions des médias et leur qualité. En effet il est évident que plus un médias a de plus grande proportions, mieux sa qualité est mais malheureusement moins son accès par une connexion internet de basse qualité est facile.

1. Texte

L'insertion du texte sous opale se fait dans les « *items de base* » comme le grain de contenu, les qcu, exercice rédactionnels...

Avec l'exemple d'un grain de contenu, vous

pouvez d'abord choisir quel type de contenu vous voulez ajouter : information, définition, remarque ....

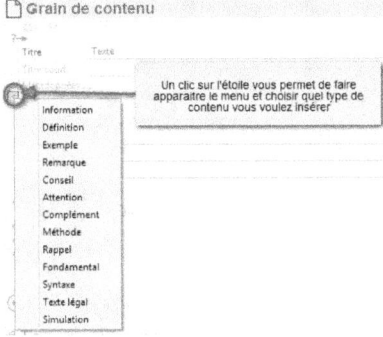

Par défaut, lorsque vous avez sélectionné votre type contenu, le champ pour insérer un texte est disponible par défaut. Vous pouvez par la suite choisir un autre type de ressource en cliquant sur l'**étoile** de niveau inférieur cette fois et la liste avec les type de ressources possibles s'affiche.

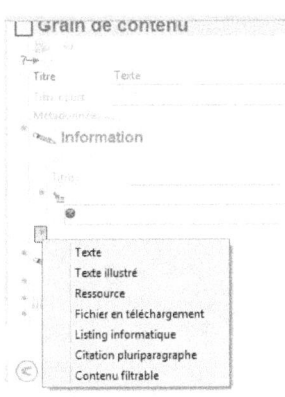

Conseil

Dans Opale 3.4, vous avez une nouvelle fonctionnalité qui vous permet de transformer le type de contenu existant vers un autre. Si vous avez par exemple créé un bloc information et que pensez qu'il s'agit plutôt d'une définition, il vous suffit de faire un clic droit sur information et choisir transformer et sélectionner définition dans le menu qui s'affiche. Ceux qui ont utilisés les version précédentes d'Opale apprécieront sûrement cette nouvelle fonctionnalité qui facilite encore plus leur travail.

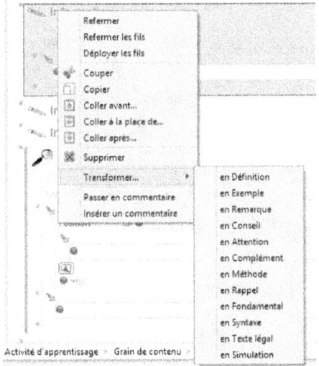

2. Faire une référence : bibliographie

L'hypermédiatisaion est une fonctionnalité que vous pouvez utiliser dans opale pour apporter plus d'interactivité et enrichir votre cours de ressources complémentaires que l'apprenant peut consulter s'il en a besoin. De la bibliographie au glossaire en passant par les références, avec opales vous avez un large champ de choix

🦋 *Méthode*

Sélectionnez le texte auquel vous voulez insérer une référence et faite un clic sur le bouton insérer dans le paragraphe

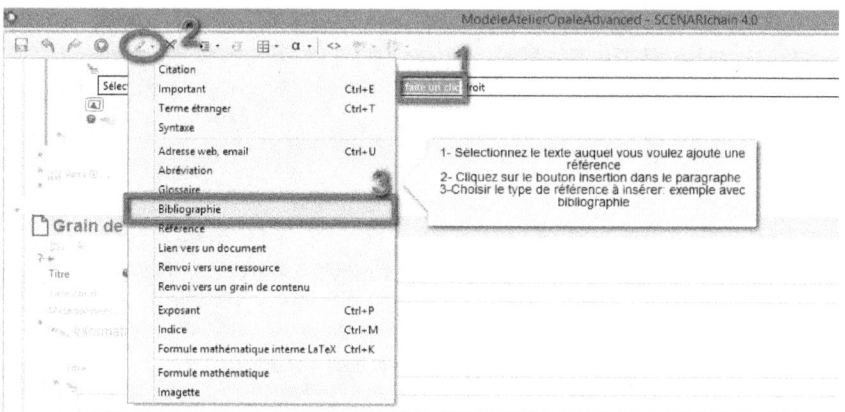

Sélectionnez le texte auquel vous voulez insérer une référence*Titre du livre p.58* 🦋 et faite un clic droit sur le texte sélectionné

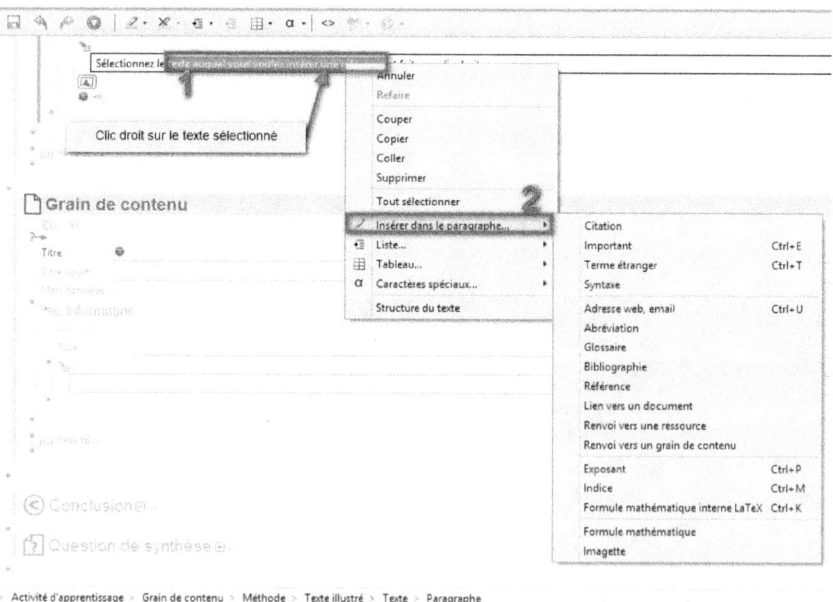

Suivant votre organisation, sur la fenêtre qui s'ouvre, faites un clic droit sur le dossier dans lequel

vous voulez ranger votre référence cliquez ensuite sur créer un item

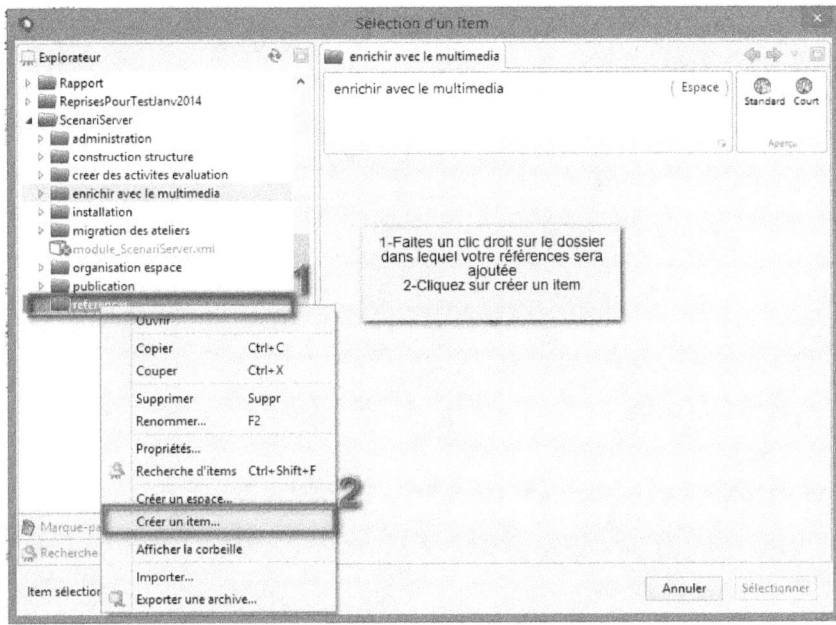

Sur la fenêtre qui s'ouvre, nommez votre référence et cliquez sur créer

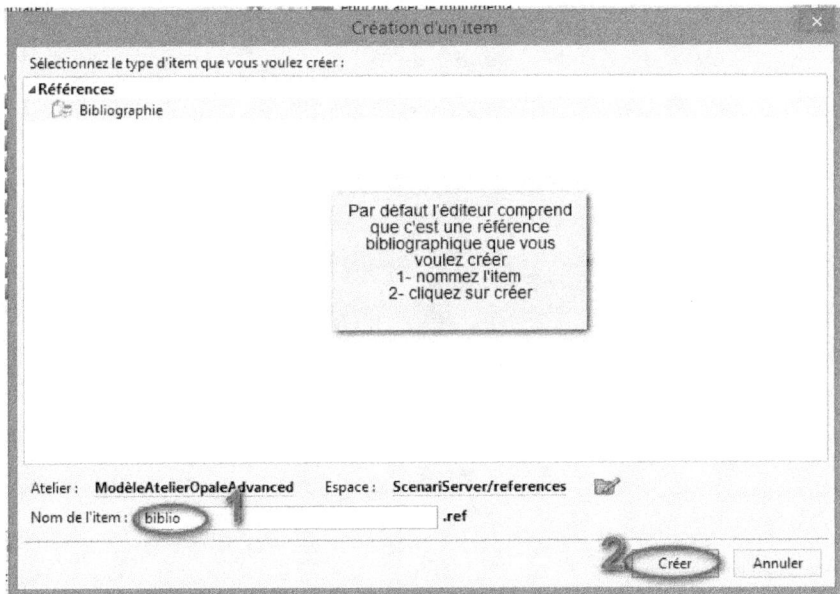

En sélectionnant les parties de votre référence : auteur, titre principal, éditeur, année et lien web vous pouvez les mettre en forme grâce à l'éditeur de références opale 3.4

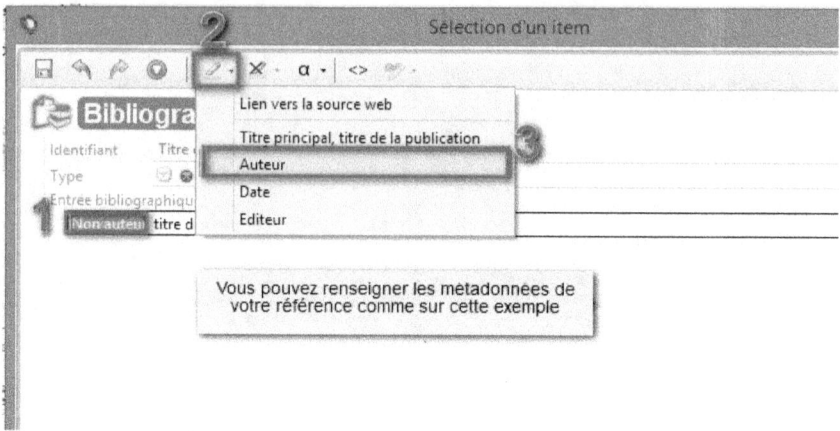

Précisez quelle type de bibliographie vous êtes en train de créer.

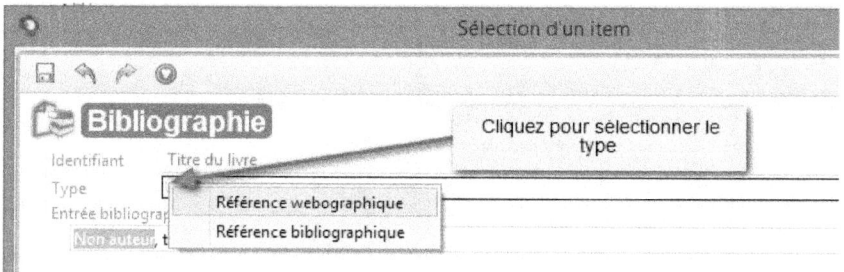

Enregistrez vos modifications et cliquez sur sélectionnez pour que la référence soit intégrée à votre texte sélectionné initialement.

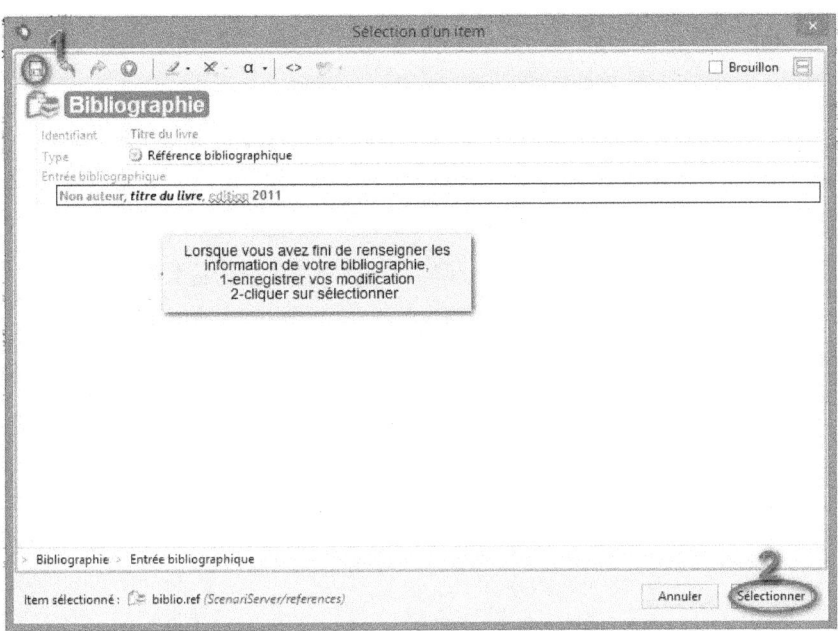

Remarque

Si une étoile rouge apparaît sur votre référence, cela signifie que celle-ci n'est pas bien faite. Cette erreur est courante lorsque le type de référence ne correspond pas à ce qui est possible ou que l'enregistrement de la référence ne s'est pas fait ou que vous avez arrêté le processus en cours de route. Dans ce cas pensez à supprimer la référence en cliquant sur sur le texte ayant la balise concernée puis le bouton éliminer une balise dans le paragraphe

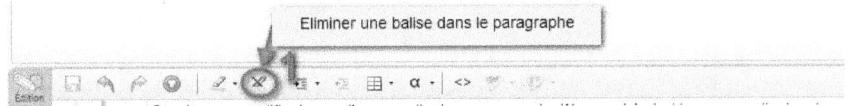

3. Insérer une ressource image ou vidéo

Insérer une image ou une vidéo qui se trouve dans vos dossier personnel est très simple et rapide dans opale 3.4.

3.1. Glisser déposer à partir de votre ordinateur vers un item

Après avoir inséré un champ ressource sur votre item, faites un *glisser-déposer* de votre image vidéo sur l'élément ressource.

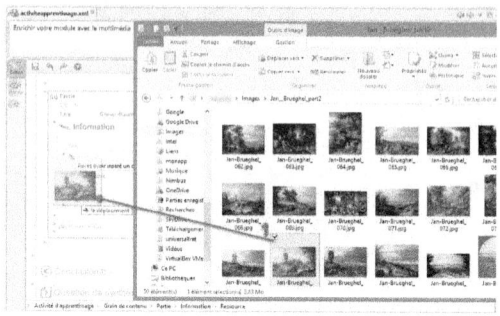

Remarque

Bien que cette méthode soit la plus rapide, il faut noter que le fichier est rangé par défaut dans le même dossier que l'item qui le reçoit. Si vous voulez qu'il soit rangé dans votre dossier ressource, déposez le d'abord dans ce dossier puis faites le glisser déposer sur l'item qui va le recevoir.

3.2. Créer un item à partir du presse-papier

Vous pouvez copier une image dans votre presse papier et l'ajouter comme ressource sur un champ ressource de votre item. Faites un clic droit sur ce champ et choisissez créer un item à partir du presse papier

3.3. Standardiser pour rendre accessible vos ressources

Standardiser vous permet de publier des fichiers aux formats et dimensions utilisables par un grand nombre.

3.3.1. images

Pour les images, une résolution de 800*600 pixel est souvent recommandée pour le web mais avec les évolution des écrans vous pouvez trouver sur votre éditeur d'image(gimp, photoshop ....) des résolutions adaptées préréglées pour le web différente.

Pour les formats, préférez le *PNG*,le *JPEG* ou le *GIF* qui sont interprétés nativement par la majorité des navigateurs.

3.3.2. Vidéos

Intégré des vidéos dans votre cours peut augmenter considérablement son volume. Si ce dernier est conçu pour une consultation en ligne, l'impact sur la durée d'attente du chargement sera important surtout si le débit des utilisateurs n'est pas très grand. il vous faut là aussi publié sur des dimensions raisonnables et aux formats adaptés pour la consultation web(*mp4,flv, webm...*).

Conseil

Autant que faire se peut, préférez les plates-formes de partage de vidéo en ligne comme youtube, dailymotion, vimeo... qui font un travail intéressant d'adaptation de la vidéo au périphérique de consultation de l'utilisateur. Par exemple si vous y déposez une vidéo au format mp4 pour iphone, ils vont se charger de la convertir au format adaptés aux windows, android et web.

Le problème qui peut se poser est celui du droit d'auteur, lorsque vos fichiers sont vos propres créations, il n' y a aucun risque de suppression. Il vous faut aussi vous assurer que tous les liens que vous insérez de ces plate-formes appartiennent à ceux qui ont créée ou détiennent les droits des ressources(canal officiel) de peur qu'un de vos liens ne fonctionnent plus du jour au lendemain après suppression pour les droits d'auteurs.

4. Insérer une ressource hébergée (Youtube,Dailymotion, Ina...)

Simulation

Comme évoquée plus haut, vous pouvez insérer des ressources hébergés sur d'autres plate-formes sans avoir à les télécharger mais en faisant une intégration par un "*embed*".La majorité de plate-formes de partages de vidéos et de fichiers(image, pdf, diaporama...) proposent cette fonctionnalité. Elle est intéressante dans la mesure où elle allège le poids de vos modules. Ce qui est intéressant si ceux-si sont consultés tout en ligne.

- Ajouter une ressource comme suit

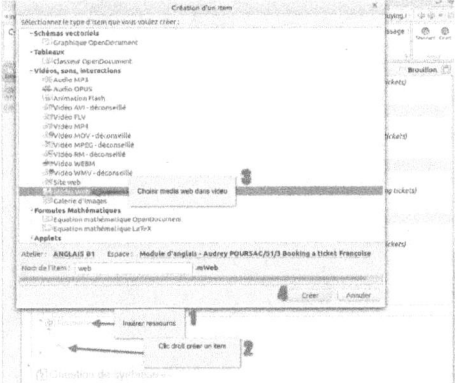

- Allez chercher votre lien sur la plate-forme de partage souhaitée

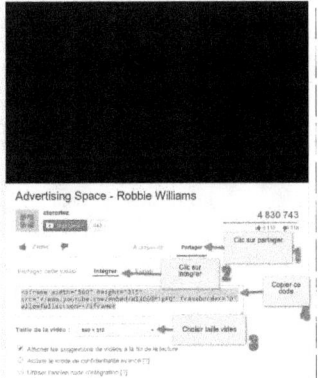

- Ouvrez et collez le code sur votre média web

Remarque

Comme inconvénient, notons que les fichiers ne seront pas consultables hors connexion et que vous vous exposez à d'éventuelles suppression de liens soit par les auteurs ou pour des droits d'auteurs.

Les types d'exercices et le modes d'évaluation avec Opale

L'évaluation est une partie importante de l'enseignement, car elle donne à l'apprenant l'opportunité de démontrer son degré d'appropriation et de compréhension des concepts présentés dans le cours. elle va donc être utile pour l'obtention des différents feedbacks tels que décrits par Hattie et Timperley (2007)

 *Chaque question posée fonctionne à quatre niveaux : feedback sur la tâche, feedback sur le traitement de la tâche, feedback sur l'autorégulation et feedback sur le soi en tant que personne.*

Opale permet de créer des évaluations formatives ou de remédiation et des évaluations sommatives ou validation des acquis par le biais des activités d'auto-évaluations.

1. Les différents types d'exercices avec Opale

Objectifs
Concevoir des activité d'évaluation formatives avec Opale Advanced et comprendre quel type d'item correspond à ce type d'activité.

Le parcours de l'apprenant vers la maîtrise des concepts enseignés doit comprendre des activités de remédiation qui lui permettent de jauger son degré de compréhension sans être évaluer. Pour l'enseignant, il s'agit de poser des questions qui active l'éveil de l'apprenant et dont les feedbacks immédiats lui donnent soit plus de confiance sur l'acquisition des concept soit l'orientent vers une révision des concepts de la partie du cours concernée. Même si ces évaluations ne sont pas notées, il est important que les feedbacks soient très explicites pour que l'apprenant sache se positionner en toute autonomie sur son degré de maîtrise et sache prendre les décision pour s'orienter soit vers l'avant soit vers l'arrière pour réviser.

1.1. Exercice QCU : Question à choix unique

Cette activité permet de créer des exercices qui présentent une question avec cinq réponses possibles au maximum, dont une seule, vraie.

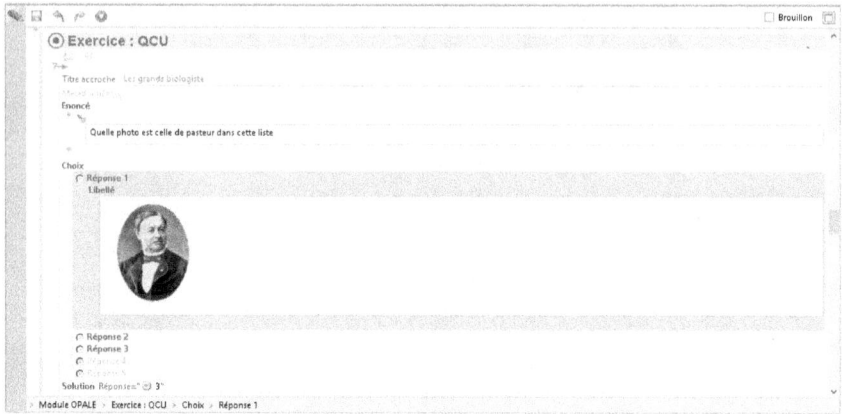

Dans notre exemple, nous avons trois réponses possibles avec la troisième qui est juste et les images dans les réponses sont insérées comme **"imagette"**

1.2. Exercice QCU graphique : Question à choix unique

Concevoir des exercices sur des images constitue une des innovation que la version 3.4 d'Opale Advanced. Vous pouvez désormais prendre une image et insérer des zones sensible où l'apprenant devra cliquer pour répondre à la consigne qui lui est demandée.

Exemple

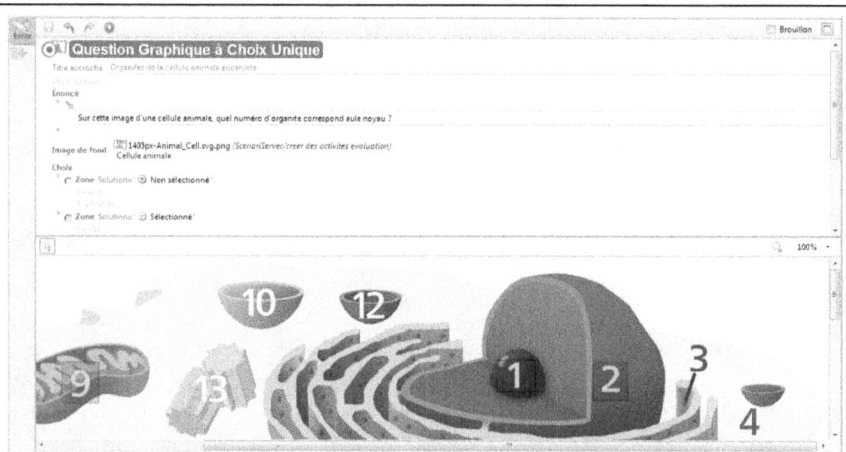

QCU graphique

1.3. Exercice : Organites de la cellule animale eucaryote

[Solution n°1 p 53]

Sur cette image d'une cellule animale, quel numéro d'organite correspond aule noyau ?

1.4. Exercice QCM Question à choix multiple

Ici, l'enseignant peut proposer plusieurs réponses justes pour une même question le nombre maximal est limité à dix par question.

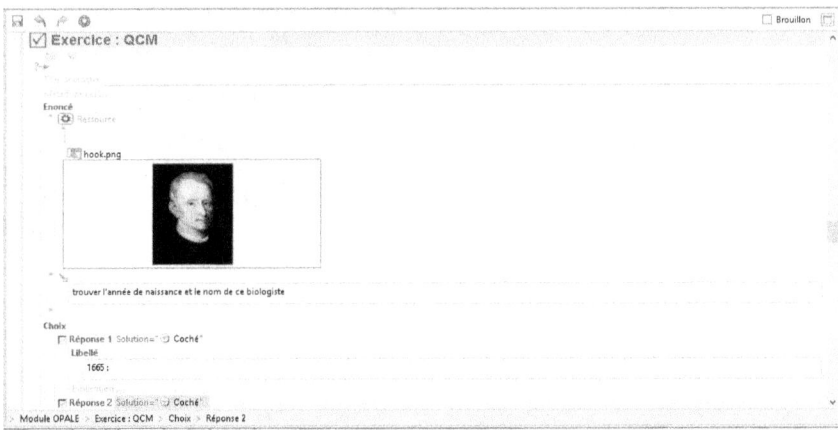

Sur chaque réponse possible, il faut préciser si elle doit être cochée ou non.

1.5. Exercice QCM graphique Question à choix multiple

A partir d'une image, l'enseignant peut proposer plusieurs réponses justes pour une même question.

Exemple

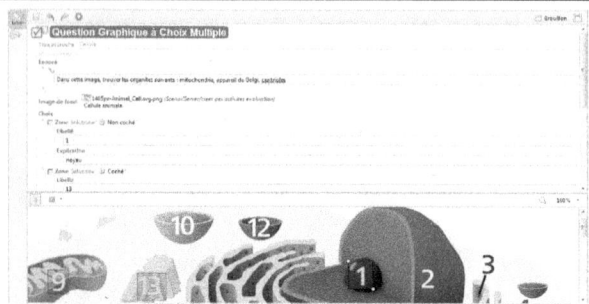

1.6. Exercice : Cellule

[Solution n°2 p 53]

Dans cette image, trouver les organites suivants : mitochondrie, appareil de Golgi, centrioles

☐ **1** 1

☐ **2** 13

☐ **3**

☐ **4** 6

☐ **5** 8

1.7. Exercice texte à trous

Ce type d'activité permet de créer des activités où les apprenants vont devoir compléter un texte avec les mots manquants.

🐦 *Méthode*

La création de trous se fait par une sélection des mots à masquer puis utiliser le raccourci clavier **CTRL+G** ou faire un clic droit sur le(s) mot(s) sélectionné(s) et choisir insérer dans le paragraphe et enfin TROU

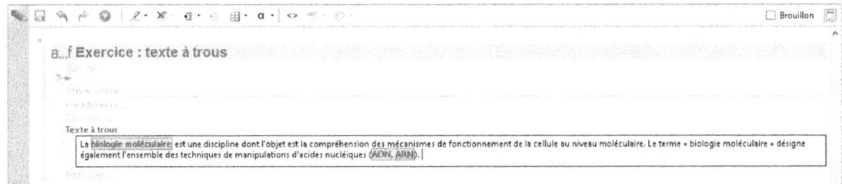

1.8. Réponse courte

Ici, l'apprenant va devoir répondre de manière très précise à la question posée. Ce type d'exercice est recommandé pour évaluer des concepts qui demandent des réponses concises.

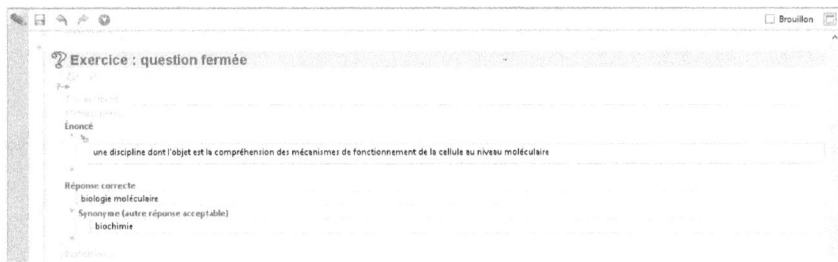

1.9. Exercice catégorisation

Ce type d'exercice permet de créer des activités où l'apprenant doit catégoriser des ressources correctement.

La **cible** et le **libellé** peuvent-être une image ou un texte il suffit de cliquer sur le point d'interrogation comme sur la capture suivante

Une même cible peut avoir plusieurs libellés ou réponses. Un exercice doit avoir au moins deux

cibles pour que l'apprenant soit à mesure de faire des choix de libellés qui vont avec chaque cible et après vérifier la correction.

1.10. Exercice d'ordonnancement

Décrire les étapes d'un processus, mettre en ordre une phrase, les possibilités d'usage de ce type d'exercice sont nombreuses. La méthode de création est de mettre les ressources dans l'ordre que les apprenants devront trouver pour résoudre l'exercice

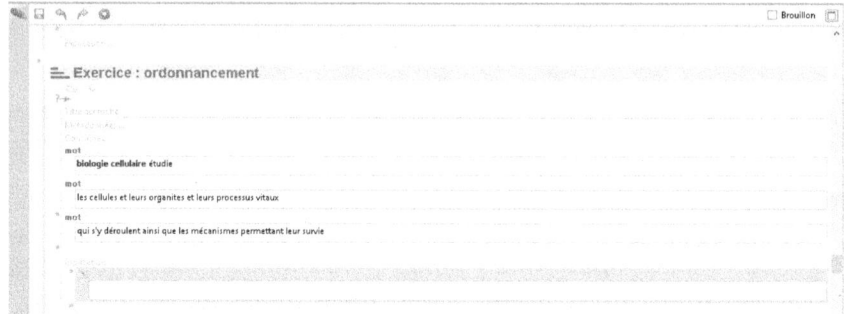

1.11. Les exercices rédactionnelles

Ce type d'activité est intéressant pour la création d'activités sous forme de cas pratique ou de mise en situation. On définit un contexte et on pose par la suite des questions avec la possibilité de mettre des indices et la solution.

🔍 *Remarque*

Ce type d'exercice peut être utiliser dans les activités devoir en ligne ou correction par les pairs dans les LMS. Vous pouvez donc concevoir votre activité dans Opale et la l'utiliser dans votre LMS pour des activités qui motive soit la collaboration entre apprenant soit un degré de réflexion plus élevé difficile à évaluer avec les autres types d'évaluations vus jusqu'ici

1.12. Texte à trou avec QCM ou QCU

2. mode d'évaluation

Selon la finalité de l'évaluation, Opale propose des items qui permettent de combiner différents type d'exercices dans une partie précise du cours.

2.1. Évaluation formative ou remédiation

Pour permettre à l'apprenant de se faire une idée de sa compréhension des matériaux du cours sans le noter, vous pouvez utiliser les activités :

Liste d'exercices,

2.2. Liste d'exercices

Cet item permet de regrouper un certain nombre d'exercices ce qui peut-être pratique pour une évaluation qui combine les quatre types d'exercice qu'il peut comporter QCU, QCM, question fermée et textes à trous.

2.3. Activité d'auto-évaluation

Cet item permet au formateur de créer une activité d'évaluation automatique qui correspond à une évaluation sommative. Si vous prévoyez publier vos contenus sur un LMS(moodle, Dokeos...)nous vous recommandons de mettre tous vos exercices dans cet item qui permet de faire la remontée des notes des apprenants. En dehors de l'exercice rédactionnel, tous les autres types d'exercices peuvent être insérés dans l'item auto-évaluation.

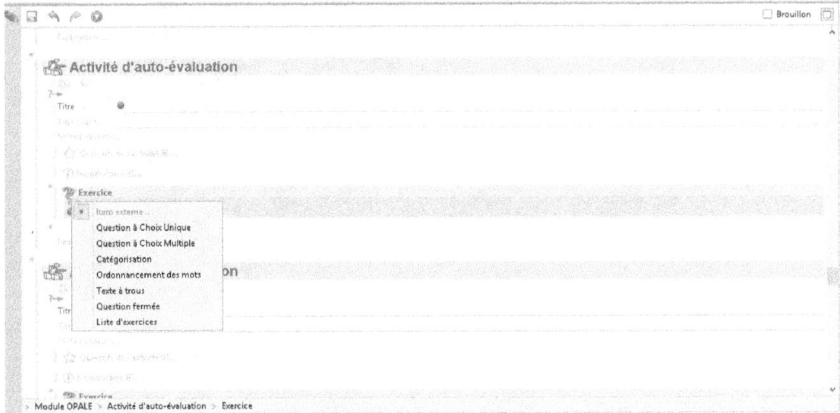

Remarque

Il est important de bien vérifier que toutes les activités créées dans cet item ont leurs solutions bien indiquées pour une remontée de notes efficace.

3. test

Exercice 1 : Organites de la cellule animale eucaryote

[Solution n°1 p 53]

Sur cette image d'une cellule animale, quel numéro d'organite correspond aule noyau ?

Exercice 2 : Cellule

[Solution n°2 p 53]

Dans cette image, trouver les organites suivants : mitochondrie, appareil de Golgi, centrioles

☐ 🬁1 1

☐ 🬁2 13

☐ 🬁3

☐ 🬁4 6

□ 5 8

Publication

Objectifs

Publier le cours sur un support donné suivant les besoins des utilisateurs.

---

1. Web, Papier,mobile, diaporama et ....maf

Après avoir construit votre module, il ne vous reste plus qu'à le mettre à la disposition des utilisateur suivant votre système de diffusion.

1.1. LMS

Pour un LMS, vous pouvez publié en SCORM, si vous voulez récupérer les donnée utilisateur et aussi leur permettre de sauvegarder leurs interaction avec la ressource :

1. reprendre la lecture au point dernièrement consulté
2. revoir les réponses aux exercices
3. sauvegarder les notes aux activités auto-évalués

Vous pouvez aussi publier au format mobile, et papier(pdf) où la ressource ne sera qu'en consultation et l'accès au multimédia limité dans le cas du papier

2. Publication papier, diaporama

2.1. Papier

Créer un item "support papier" auquel vous aller insérer votre item module.

2.1.1. VersionODT éditable

Lorsque vous avez open-office installé sur votre serveur ou votre ordinateur local, vous pouvez généré votre cours en version ODT que vous pouvez encore éditer tout en sachant que ces modification ne peuvent pas être intégré à votre module opale.

2.1.2. Version PDF non éditable

Lorsque vous avez installé l'extension *OpaleGenPDF*, vous pouvez générer directement votre cours en PDF sur votre item "support papier" sans avoir forcément besoin d'open-office. Le document généré n'est par contre pas éditable.

3. Publication web, scorm et mobile

L'item support web vous permet de publier vers trois type de supports.

3.1. Web

Si vous voulez mettre contenu en accès sur internet, vous pouvez générer la version web la telecharger, décompresser et mettre le dossier avec le fichier index.html sur votre serveur.

Remarque
___

Si vous utilisez ce même processus sur un LMS, il faut bien indiquer quelle est le fichier principal : Index.html

3.2. Scorm

Si vous voulez publié pour une plateforme de formation, la version scorm est la seule qui permet une collecte des données des interactions avec les utilisateurs. Opale propose deux type de scrome :

- sorm mono qui en conserve bien la charte graphique mais reste limité sur la collecte des donnée utilisateur. Elle ne permet pas par exemple la remontée des notes des évaluations
- Le scorm multi, qui en perdant en ergonomie, permet une meilleure collecte des données utilisateurs par le LMS. Elle est à ce jour la seule version capable de faire remonter à la plateforme les résulats des test inclus dans la ressource

Outre ces deux types, opale permet de publications scorm spécifique à chaque plate-forme (moodle claroline, syfadis...)

3.3. Mobile

Une de nos récente études auprès de nos étudiants a montré une utilisation croissante des support mobile pour l'accès au cours. 30% de nos répondant affirmaient(confirmation nos observations web analytics)utiliser les mobile (tablette, smartphone) pour accéder à la formation. Ce résultat implique la nécessite de nos jours de mettre à la disposition des utilisateurs des contenu adaptés à ces supports. C'est à ce niveau que L'extension "*Scenari Reader*" apporte une solution intéressante. Lorsque vous l'avez installé, il vous suffit daller sur la version web de et de générer la version mobile.

4. Diaporama et maf

Lorsque vous créer votre cours et que vous utilisez les outils de filtrage, l'utilisation du support diaporama est intéressant pour des communications directe avec peu de détail(version courte de vos contenus) ou alors l'intégralité en mode diaporama sans interaction nécessaire de la part de l'utilisateur.

4.1. maf

Le maf est une possibilté de publication non encore disponible sur la version 3.4 d'opale mais qui sur la version 3.5 apporte une facilité de consultation des contenus de la part des utilsateurs. Elle est une solution pratique pour ceux qui ont un accès limité à internet et qui ne peuvent pas réaliser des activités nécessaires à la consultation d'une ressource compressée.

Un export au format Maf de vos diaporamas (Maff est un format d'un fichier unique qui peut contenir plusieurs pages web, développée par Mozilla - http://maf.mozdev.org/) - très utile pour transférer vos diaporamas sur votre clé usb.

5. moodle export

Vous pouvez insérer un module, ou toutes les item constitutifs d'un module dans l'item export moodle qui se charge de récupérer tous les exercices exportables vers moodle

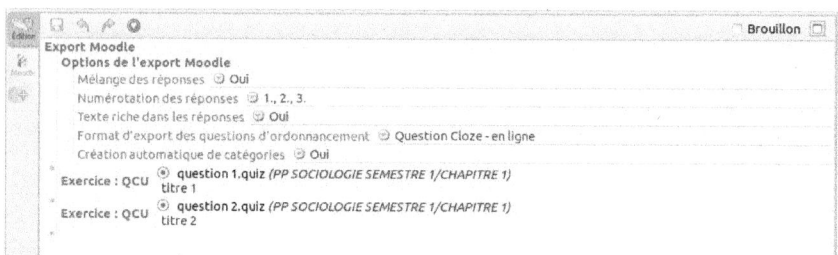

après avoir généré et télécharger le fichier d'export moodle, vous pouvez importer vos exercices dans la banque de question moodle.

Banque de questions

Choisir une catégorie

Défaut pour [..] ▾

La catégorie par défaut pour les questions partagées dans le contexte « [.....................................] ».

☐ Montrer le texte de la question dans la liste

Options de recherche ▾

☑ Montrer aussi les questions des sous-catégories

☑ Montrer aussi les anciennes questions

Créer une question...

☐ T ▲	Question	Créée par Prénom / Nom	Dernière modification par Prénom / Nom
☑ ☷ titre 1		⚙ ⟲ 🔍 ✕ Willy roger Mon	Willy roger Mon
☑ ☷ titre 2		⚙ ⟲ 🔍 ✕ Willy roger Mon	Willy roger Mon

Avec la sélection:

[Supprimer] [Déplacer vers >>] Défaut pour [..............................] ▾

et enfin vous pouvez utiliser vos question de la banques de questions pour créer des activités test de moodle

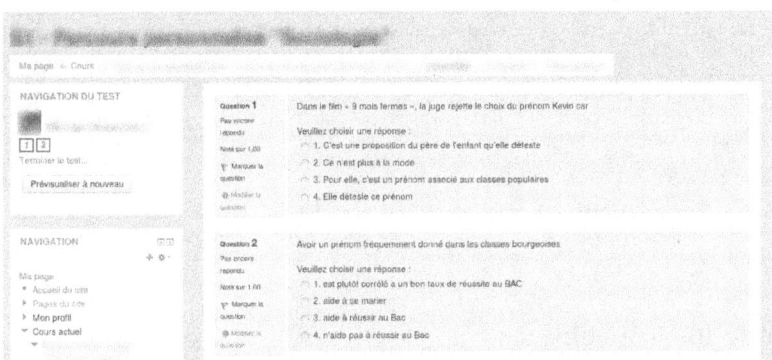

A la découverte d'opale 3.5

Scenari étant une communauté dynamique, l'évolution de ses outils est constante. La version3.5 du modèle Opale de ScenariChain4.1 propose des nouveautés intéressantes.

1. Pour l'administrateur du serveur scenari

L'interface de gestion des utilisateurs intègre un moteur de recherche pour retrouver facilement un utilisateur, la possibilité de filtres les membre appartenant à un groupe et aussi la création des ateliers public qui peuvent être consulté par tous les utilisateurs et leur servir de modèle de base.

2. Pour le rédacteur

La version 3.5 d'opale comprend de nouveaux item comme la division qui peut désormais être un item. Les aperçus web et papier peuvent être commenté à partir d'un navigateur et le commentaires remontés sur le serveur au bon endroit. Cette fonctionnalité est très intéressante pour faciliter les relectures entre collègues. Il est aussi important de noter une amélioration de l'interface de publication de ressources. Elle intègre des paramètres plus précis pour l'accessibilité et aussi la possibilité de mettre des ressources alternatives en pensant aux utilisateurs à bas débit d'internet. Les mathématiciens vont aussi apprécier l'amélioration des modules d'insertion de formules.

Les outils de filtres se sont aussi améliorer ce qui permet à l'enseignant de vraiment personnaliser sa publication en fonction de ses besoins. Il pourra notamment choisir de ne pas publier les solutions des exercices rédactionnel et bien d'autres éléments.

3. Pour les apprenants

Le moteur de recherche intégré est la grande nouveauté pour la consultation des ressources et surtout pour les révisions. Les possibilités de publication au format "maf" vont aussi permettre une consultation hors ligne pour les utilisateurs qui veulent travailler hors connexion.

Sans être exhaustif, nous vous recommandant de consulter *Note de version Opale 3.5* pour en savoir plus

Conclusion

De la création de l'environnement de travail à la publication des contenus, nous avons présenté de manière pratique et illustrée comment utiliser Opale. Conscient que ce n'est que par la pratique qu'on acquiert les compétences, nous espérons que ce livre vous a donné envie de produire des contenus de formation en ligne adaptés aux technologie actuelles. Nous vous remercions et restons ouvert à toutes vos observations par mail willyedoo@gmail.com

Question de synthèse

Solutions des exercices

> Solution n°1

Exercice p. 38, 44

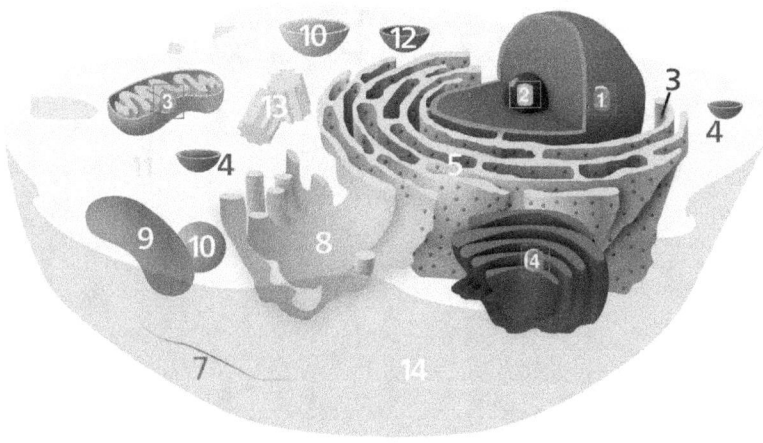

○ ①

◉ ②

○ ③

○ ④

Exercice p. 40, 44

> Solution n°2

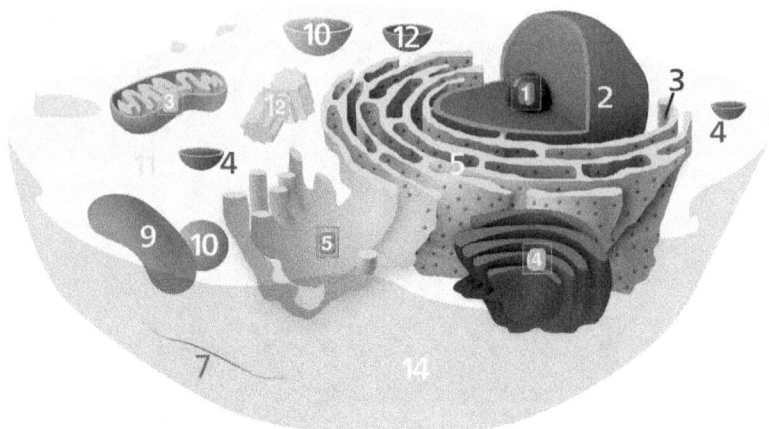

☐ **1** 1

noyau

☑ **2** 13

Centrioles

☑ **3**

Mitochondrie

☑ **4** 6

appareil de Golgi

☐ **5** 8

Glossaire

Aucun

Avec ce rôle, l'utilisateur n'a aucun accès à l'entrepôt

Auteur

Ce rôle permet un accès en lecture écriture sur ScenariServer. Il convient à tous les enseignants qui participent à la création des contenus

Gestionnaire

Ce rôle permet un accès en écriture, lecture et gestion des utilisateurs et de l'atelier. Il convient aux ingénieurs pédagogique et autres personnes charger de la gestion des ateliers de l'entrepôt.

Lecteur

Ce rôle ne permet qu'un accès en lecture sur l'entrepôt. L'utilisateur avec ce profil peut lire mais sans pouvoir apporter des modifications. Ce rôle convient au relecteur et à ceux suivent l'évolution du travail sans y apporter des modifications

LMS

Un learning management system (LMS) ou learning support system (LSS) est un système logiciel web développé pour accompagner toute personne impliquée dans un processus d'apprentissage dans sa gestion de parcours pédagogiques.

ScenariChain

Outil de saisie autonome pour les auteurs avec la possibilité de travailler sur un entrepôt distant (serveur)

ScenariClient

Mode client ici l'utilisateur doit être connecté à un serveur pour travailler avec la chaîne éditoriale

ScenariServer

Mode serveur l'utilisateur met son ordinateur à disposition des autres clients

Abréviations

TICE : Technologies de l'information et de la communication pour l'enseignement

Références

Types logiciels   ScenariChain, ScenariServer,ScenariClient

Bibliographie

Non auteur, *titre du livre*, edition 2011

Crédits des ressources

carte conceptuelle de la méthode dite des « pourquoi ? ».
Organisez vos données personnelles: L'essentiel du Personal Knowledge Management Xavier Delengaigne, Pierre Mongin, Christophe Deschamps Editions d'Organisation
p. 32

Anatomie d'un module opale
http://creativecommons.org/licenses/by-nc-sa/4.0/fr/, Willy Roger Mongon Edo'o
p. 23

www.ingramcontent.com/pod-product-compliance
Lightning Source LLC
Chambersburg PA
CBHW070232210526
45168CB00020B/2086